LA PLANTE

AU POINT DE VUE LITTÉRAIRE :

RAPPORTS DE LA BOTANIQUE ET DE LA LITTÉRATURE,

DISCOURS

Prononcé dans la Séance publique du 7 juin 1868 de
l'Académie impériale des Sciences, Inscriptions
et Belles-Lettres de Toulouse;

Par le Dr D. CLOS , Président.

Extrait des Mémoires de l'Académie impériale des Sciences, Inscriptions
et Belles-Lettres de Toulouse.

6me SÉRIE. — TOM. VI.

LA PLANTE

AU POINT DE VUE LITTÉRAIRE :

RAPPORTS DE LA BOTANIQUE ET DE LA LITTÉRATURE.

MESSIEURS,

Les rapports des sciences et des lettres ont été bien souvent l'objet de dissertations générales. D'un commun accord, on reconnaît aujourd'hui que les premières doivent prendre les secondes pour point de départ et d'appui. Mais ces connexions de la littérature ne sont nulle part plus étroites et plus intimes qu'avec les diverses branches des sciences naturelles. L'une d'elles surtout, trop souvent définie l'art de nommer et de décrire les plantes (A), doit réclamer, peut-être même avant toute autre, ce précieux privilége, car les questions les plus élevées de la physique générale rentrent dans son domaine. J'avais à cœur de le prouver dans nos deux séances publiques antérieures, où j'ai eu l'honneur d'exposer devant vous, Messieurs, quelques idées sur l'*influence des plantes sur la civilisation*, puis sur l'*origine de la végétation du globe* (1).

---

(1) Ces deux Discours sont imprimés dans la VIᵉ série de ce Recueil, le premier dans le tome IV, pag. 623-640 (année 1866); le second dans le t. V, p. 307-319.

Aujourd'hui, m'autorisant encore du double titre de notre Compagnie, je voudrais à nouveau fortifier cette thèse, montrer qu'à toutes les époques le riant empire de Flore a eu le don d'inspirer littérateurs et poëtes, montrer aussi que de grands noms en botanique appartiennent à l'aréopage littéraire, et justifier ainsi par de nombreux exemples, cette définition empruntée à un naturaliste allemand (1): La science des plantes est la plus haute poésie du règne végétal.

L'Antiquité païenne se présente d'abord à nous toute parée d'allégories, avec ses mythes et ses fables, où les passions sont personnifiées, où des divinités de second ordre se transforment là en une faible mais gracieuse plante, ici en un arbre majestueux ou éminemment utile. Que de charmantes poésies inspirées par un sujet en effet si riche d'inspiration ! Longue serait l'énumération de la Flore mythologique, car à l'origine même des nations civilisées, apparaît cette association des plantes et de la poésie, consacrée depuis des siècles par le nom si expressif d'*anthologie*. Mais mieux vaut renvoyer au récent ouvrage de Dierbach (2), que d'étaler ici une érudition d'emprunt.

En dehors de la Mythologie, la littérature grecque nous a transmis d'abord deux lyriques chants du voluptueux Anacréon, en l'honneur de la Rose (3) (B), fleur éclatante, mais passagère et mêlée d'épines, emblème du plaisir ; puis cette couronne tressée par Méléagre, où chaque poëte aimé de l'auteur figure dans la *guirlande* (C), par une fleur appropriée à son mérite (4) ; puis les poésies de Phile et quelques autres encore (D).

Rome ne nous offre guère de documents à signaler qu'à l'époque où ses mœurs se sont adoucies et où la langue s'est

---

(1) Kuetzing, *Grundzuege der philosophischen Botanik* 1851.

2) *Flore Mythologique*, traduite de l'Allemand, par L. Marchand.

(3) Εις ῥόδον, Odes V et LI.

(4) Voir la traduction de ce chant de Méléagre dans les *Portraits contemporains* de M. de Sainte-Beuve, t. III, p. 409.

épurée : c'est nommer le siècle d'Auguste. Mais, alors même, les sciences n'y étaient guère cultivées que dans leurs applications. Or, des nombreuses branches de la Botanique appliquée, la première peut-être en importance est la Botanique agricole, et quelques auteurs n'ont pas hésité à inscrire les Géorgiques au nombre des poëmes sur les plantes (1).

Mais c'est avant tout l'horticulture qui, par sa partie florale, inspire les poëtes. Horace, après avoir consacré à Diane le pin qui avoisinait sa villa (2), chante son Jardin, où il cultivait l'ache et le lierre si propres aux couronnes, et les chastes verveines destinées à orner l'autel sacré (3).

Le plus célèbre des Géoponiques romains, Columelle, décrit en neuf livres et en prose, les préceptes de l'Agriculture ; mais, au dixième il emprunte, à l'instigation de Silvius, la langue des dieux pour célébrer la culture des jardins, heureux de répondre ainsi au vœu de Virgile léguant à la postérité le soin de traiter après lui ce poétique sujet (E).

Le contemporain de Virgile, Ovide, non moins sensible que lui, et non moins habile à peindre, devait lui aussi chanter les fleurs : ici (dans les *Fastes*), il étale à nos yeux toutes les splendeurs de l'empire de Flore ; là (dans ses *Métamorphoses*), c'est l'origine mythologique de la Jacinthe, du Narcisse, de l'Anémone et de quelques arbres (Laurier, Peuplier, Cyprès, etc...), qu'il se complaît à décrire. Mais la littérature botanique doit relever surtout dans les œuvres du poëte un petit joyau, le Noyer (*Nux*) qui, en une touchante élégie, se plaint des injustices du sort (F), et jette un œil d'envie sur les plantes à l'abri des attaques et des dévastations du passant.

Remarquons enfin, qu'un des morceaux les plus éloquents de la Pharsale de Lucain, est sa description de la forêt sa-

---

(1) C'est à ce titre que les Géorgiques figurent dans le *Thesaurus Literaturœ botanicœ* de Pritzel, p. 364.

(2) *Odarum* lib. 3. xvi.

(3) *Id.* lib. 4. x.

crée de Marseille (G); et que, dans l'Enéide, l'épisode si touchant de Nisus et d'Euryale est singulièrement relevé par une comparaison empruntée au royaume des fleurs (H). C'est que « personne ne compose mieux un bouquet que Virgile, par des consonnances et des contrastes (1). »

Mais l'appréciation des beautés littéraires de l'Antiquité dans leur rapport avec la science des plantes, n'est pas la seule source d'un instructif délassement offerte au botaniste. A-t-il du goût pour l'investigation philologique, et, même après les laborieux commentaires de Sprengel (2), de Martyn (3) et de Cultrera (4), même après les Flores poétiques de Paulet (5), de MM. Fée (6) et Du Molin (7), la détermination exacte des plantes signalées, soit dans la Bible, soit dans les chefs-d'œuvre de Théocrite et de Virgile, lui fournira le piquant attrait de problèmes toujours en apparence résolus, mais trop souvent à reprendre. Ces questions intéressent également histoire des coutumes et des mœurs des peuples, industrie, diététique et jusqu'aux beaux-arts, tant sont intimes les liens qui relient entre elles les connaissances d'un ordre élevé ! Parfois, il est vrai, le mystère qui couvre ces sortes d'énigmes semble défier la perspicacité humaine. Tel ce fameux Népenthès d'Homère, que la femme de Ménélas fait boire au fils d'Ulysse, pour dissiper les chagrins, calmer la colère et amener l'oubli de

---

(1) Bernardin de Saint-Pierre, *Harmonies de la nature*, éd. de 1818, t. i, p. 287.

(2) *Historia rei herbariæ*, 1807-1808, *Geschichte der Botanik*, 1817-1818 ; et aussi, du même, *Antiquitatum botanicarum specimen primum*, 1798.

(3) Notes ajoutées à sa traduction des Géorgiques et à celle des Bucoliques de Virgile, 1741-1746-1749.

(4) Le P. Théatin Paolo Cultrera, suivant les traces de Celsius (1702), de Hiller (1716), de J. Gesner (1759 et 1768), de Carpenter (1828) et de Rosenmueller (1830), a publié en 1861 : *Flora biblica*, Palerme, 486 p. in-8°.

(5) *Flore et Faune de Virgile*, 1824.

(6) *Flore de Virgile*, 1822. — *Flore de Théocrite et des autres bucoliques grecs*, 1832.

(7) *Flore poétique ancienne*, 1856.

tous les maux (1). Opium, café, jusquiame (2), et jusqu'à la buglosse et à l'aunée, — deux plantes assurément bien inoffensives auprès des autres — ont été tour à tour invoquées en ce débat ; et puis, par une sorte de révirement, on en est venu à n'y voir qu'un terme allégorique destiné à peindre la puissance et le charme de l'esprit et de la beauté.

L'époque gallo-romaine, si stérile pour les sciences en général, l'est aussi pour la littérature botanique (3), dont le point de départ ne devance pas le ix⁰ siècle, et le seul nom qu'il nous offre, est celui de Walafried Strabon. Son *Hortulus* (4), dont l'impression n'eut lieu qu'au commencement du xii⁰ siècle, n'est pas, dit-on, dépourvu d'élégance.

Les érudits nous apprennent qu'au xiii⁰ siècle, Dante associait à ses admirables créations poétiques des travaux de physiologie végétale (5) ; et l'on doit regretter que de Candolle et Raynouard n'aient pas mis à exécution l'ingénieux projet formé par eux d'explorer ensemble, et au double point de vue scientifique et littéraire, les chants des troubadours (6); la Flore poétique y eût gagné sans doute de précieux documents.

Après l'important ouvrage de F. Pouchet; l'*Histoire des sciences naturelles au moyen âge* (7), peut-on traverser cette époque — de décadence pour les uns, de *fécondité et de génie* pour les autres, — sans citer la majestueuse figure qui le domine, celle d'Albert-le-Grand. Puissant par l'éloquence qui fascinait la jeunesse et attirait même à ses leçons Vincent de

---

(1) Odyssée, liv. iv, vers 220 et suiv.

(2) *Hyoscyamus Datora* d'Egypte, d'après Virey.

(3) J'entends sous ce titre, les ouvrages littéraires afférents à la botanique.

(4) Strabi, Fuldensis Monachi, *Hortulus apud Helveticos in Sancti Galli monasterio repertus, carminis elegantia tum delectabilis, quum doctrinæ cognoscendarum quarumdam herbarum varietate utilis*, 1512, in-4°. Kurt. Sprengel caractérise ainsi cet ouvrage : *Versus pro ea saltem ætate satis boni : florum ipsa ac plantarum pauperrima messis* (*Historia rei Herbariæ*, t. i, p. 224).

(5) En particulier sur le sommeil des plantes : Voy. Libri, *Histoire des Sciences mathématiques en Italie.*

(6) V. *Mémoires et souvenirs d'Aug. Pyr. de Candolle*, p. 507.

(7, Paris, 1853, in-8°, de 656 p.

Beauvais, Arnaud de Villeneuve et jusqu'à Roger Bacon (1),
Albert appartient à la Botanique à un double titre : et par ce
prétendu miracle qui lui permit de recevoir dans son cloître de
Cologne, au cœur de l'hiver, et sous des berceaux d'arbres
chargés de feuilles, de fleurs et de fruits, Guillaume, comte
de Hollande et roi des Romains (2) ; et par son traité des végétaux, auquel deux éminents critiques d'outre-Rhin viennent
de faire l'honneur d'une nouvelle édition (3).

Au xive siècle, notre chroniqueur Froissart, alliant à l'histoire le culte de la poésie, mettait en vers le plaidoyer de
la violette et de l'œillet, et chantait l'éloge de sa bien-aimée
Margherite, en la comparant aux fleurs les plus aimées (4).

Au siècle suivant, Macer Floridus ou Æmilius Macer, composa sur les vertus des plantes (5) un poëme plein de rêveries,
mais qui n'en eut pas moins plusieurs éditions. On apprenait
ses vers, on les citait à titre d'aphorismes. Mais l'œuvre pé-
chait par le style (1), et c'est à peine aujourd'hui si le nom
de l'auteur est connu des érudits.

Avec la renaissance des Lettres, renaît la Botanique réellement digne de ce nom, s'affranchissant des langes du passé
et du joug de la médecine. Alors seulement, l'observation de
la nature vient féconder une érudition jusque-là réduite à elle-
même, et par conséquent frappée d'impuissance. Parmi les
noms célèbres du commencement du xvie siècle, prime celui
de Conrad Gesner, le *Pline de l'Allemagne*, le *Restaurateur
de l'Histoire naturelle*, et en même temps le linguiste éminent,
auteur d'une bibliothèque universelle, et traducteur d'Hé-

---

(1) Détails empruntés à l'ouvrage cité de M. Pouchet, p. 233-235.

(2) D'après Alexandre de Humboldt, *Cosmos*, trad. franç., t. ii, p. 22, ce
résultat fut obtenu à l'aide d'une serre-chaude. Quelques savants ont cherché
à prouver que les serres étaient déjà connues des Romains.

(3) *Alberti Magni*, *ex ordine prædicatorum*, *de vegetabilibus*, libri vii ; His-
toriæ naturalis pars xviii. Editionem criticam ab Ernesto Meyero cœptam
absolvit Carolus Jessen, Berlin, 1867, in-8o, 752 p.

(4) V. dans le Panthéon littéraire, *les Chroniques de Froissart*, t. iii, p. 509.

(5) *De virtutibus herbarum*, première édit., 1487.

raclide de Pont , et de Jean Stobée. Découvrir l'importance
des organes floraux , entrevoir ce degré de la classification
supérieur à l'espèce , le genre , donner à la botanique , une
histoire des plantes , à la zoologie une grande histoire des
animaux , l'une et l'autre estimées , laisser des traités sur la
minéralogie et sur la médecine, dénote sans doute une étonn-
nante puissance de conception et de travail ; mais avoir ac-
compli son œuvre à 49 ans, et mourir alors dans une épidémie
pestilentielle, victime de son dévouement pour ses conci-
toyens (1) , c'est emporter un double titre de gloire pour la
postérité , qui devrait conserver précieusement le souvenir de
tant d'abnégation et de tant de services.

Le nom de Gesner prime plutôt dans les Sciences que dans
les Lettres. Mais en ce même siècle , voici un des créateurs de
la langue française, qui va léguer le premier à la Botanique
un modèle de description (2) et d'érudition étymologique (3).
Le sceptique auteur de Pantagruel trouve l'occasion de glisser
dans le cours d'un livre d'une satyrique gaieté , mais trop
riche d'énigmes, plus de 200 noms de plantes ; il y proclame
hautement l'importance des Sciences naturelles , voulant que
Gargantua n'ignorât *rien de ce qui a trait à la congnoissance des
faictz de nature et nommément tous les arbres , arbustes et
frutices des forestz , toutes les herbes de la terre* (J).

A côté de cette singulière figure de Rabelais , il faut inscrire,
sur la double liste des littérateurs et des savants , le nom du
Napolitain Jean-Baptiste Porta. Etait-ce un homme vulgaire ,
l'auteur d'*œuvres dramatiques* multipliées (4) , et de la *Magie
naturelle* (5) , le précurseur de Lavater dans l'art de lire sur

(1) Voir Isid. Geoffroy Saint-Hilaire, *Histoire générale des règnes organiques*,
t. 1 , p. 42.

(2) Voir : *Œuvres de Rabelais* , éd. Charpentier, (1840) , p. 304 et 305 ,
description du *Pantagruelion*, id est Cannabis sativa.

(3) *Ibid. Pantagruel* , liv. III , chap. 48.

(4) Comprenant quatorze comédies, 2 tragédies et une tragi-comédie ,
4 vol., 1726.

(5) *Magiæ naturalis libri* xx, 1589.

les traits du visage humain , le caractère, les sentiments et
la valeur morale de l'homme (1), celui qui renchérissant sur
Paracelse (K) , voulut lire encore dans la forme et la couleur
des organes des plantes leurs propriétés (2), imprimées à
dessein par la main divine, pour le soulagement des êtres
animés? Elle était bien propre, en effet, à frapper l'esprit du
vulgaire , cette célèbre *théorie des signatures*, qui , malgré son
absurdité, s'est transmise de siècle en siècle, et dont l'influence
n'est pas totalement effacée. L'Euphraise et le Bleuet, ces *casse-
lunettes* de l'ancienne pharmacopée, ne figurent-ils pas encore
de nos jours dans plus d'un collyre? Ajouter au bilan de Porta ,
la découverte de la chambre noire (3) , et la création d'une
Académie (celle des *Secreti*), et une foule de traités divers ,
dont l'un nous retrace son verger (4) , c'est dire assez toute
l'activité , toute la perspicacité d'un homme dont le nom est
trop oublié peut-être.

Cependant une vague intuition de la sexualité végétale se
transmettait de siècle en siècle, de Théophraste à Pline, de
Pline à Claudien ; et au moyen âge , Albert-le-Grand , traitant
des végétaux , avait cherché à résumer en un curieux cha-
pitre (5) les données fournies par l'Antiquité sur ce point
important de la biologie des plantes.

Dès 1503, un précepteur du jeune roi de Naples, Jovianus
Pontanus s'empare de cette idée et n'hésite pas à célébrer en
vers élégants et dans la langue d'Ovide , les amours de deux
palmiers vivant l'un à Brindes , l'autre à Otrante, à la distance de trente milles environ (6).

Vers le milieu de ce xvie siècle s'était répandue en Europe,

<hr>

(1) *De Humaná Physiognomoniá* , 1586.

(2) *Phytognomonica octo libris contenta*, 1588, ouvrage qui a eu quatre éditions.

(3) Aussi bien de la chambre noire simple que de la chambre noire composée.

(4) *Suæ Villæ pomarium* (1583), et *Villæ libri* XII , 1592.

(5) *De sexu plantarum secundum dicta antiquorum.*

(6) *De Palma Bitontina et Hydruntina Eridanorum* , lib. 1 , p. 117.

par la voie du Portugal, une de ces plantes aux vertus magiques, destinée à toutes sortes de vicissitudes, mais dont le despotique règne ne devait pas tarder à s'établir d'une manière durable. Le tabac souvent proscrit à titre de poison, le tabac dont l'usage fut parfois interdit sous peine d'encourir les plus graves mutilations ou même la mort (L), offrait par là une mine féconde aux élucubrations poétiques. Un jésuite polonais a écrit un poëme en son honneur (1), et Thorius (2) au xviiᵉ siècle, au xviiiᵉ Baruffaldi (3) empruntèrent encore la langue des Dieux pour chanter *l'Herbe à la reine, l'Herbe sainte, l'Herbe divine.*

Au bilan du xviᵉ siècle il faut ajouter un poëme français que peut réclamer à bon droit la littérature botanique, la *Semaine de la Création*, par Du Bartas, ouvrage tombé dans l'oubli, mais qui n'en eut pas moins plus de trente éditions en six ans.

Le siècle suivant est fécond en écrits poétiques afférents à l'empire de Flore : On y voit le célèbre historien J. de Thou, se délassant de ses travaux plus sérieux par la composition de cinq petits poëmes sur les plantes. La violette, le lis, l'œillet, la marjolaine (4) sont ses fleurs de prédilection; mais il accorde le même honneur au légume à la fois le plus précieux et le plus prosaïque, à ce chou que notre sévère Boileau n'avait cru pouvoir citer qu'en l'associant au lapin (5).

Le nom de Cowley prime dans la littérature anglaise. Poëte à l'âge de quinze ans (6), il devait consacrer les dernières années d'une vie agitée à étudier les plantes et à leur exprimer

(1) Voir Pouchet, *Traité de botanique*, t. 2, p. 420.
(2) *Hymnus tabaci*, Lyon, 1628.
(3) *La Tabaccheide*, 1714.
(4) *Crambe, Viola, Lilium, Phlogis, Terpsinoe*, Paris, 1611.
(5) « Sentaient encore le chou dont ils furent nourris ».
Boileau, *Satyre* III.
De Thou est l'auteur de l'*Historia mei temporis*, dont la publication ne fut terminée qu'après sa mort.
(6) Il publiait alors les *Fleurs poétiques.*

son admiration dans la langue d'Horace, en une suite d'odes *toutes riches d'images et pleines de mouvement* (1).

Bientôt, Rapin écrit ses Jardins (M), et vers la fin du siècle, le père Vanière chante les vignes et le vin (2), prélude de ce *Prædium rusticum* qui, quelques années après, fut imprimé dans notre ville, honoré de deux traductions françaises et de plusieurs éditions (N).

Mentionnons pour mémoire ces singuliers quatrains des *Prosopopées botaniques* de Falugi (3), composés chacun pour un genre (4) de plantes de Tournefort. L'idée était originale, malheureusement un style barbare et des taches de goût en déparent l'exécution.

Mais la littérature botanique française compte dans ce siècle deux poëmes dus à la plume de Paul Contant, de Poitiers, sous ces titres : *Le second Eden, le Jardin et cabinet-poétique* (1628). L'auteur, passionné pour la science des plantes, a su maintes fois faire refléter dans ses vers son enthousiasme pour elle.

N'est-elle pas aussi, comme un nouveau titre de cette alliance de la littérature et de la plante, la fameuse *guirlande de Julie,* cette poétique corbeille de noces qu'offrit, en 1641, le duc de Montausier à sa fiancée Julie d'Angennes? Tous les beaux esprits de l'hôtel de Rambouillet ne tinrent-ils pas à honneur de participer à l'hommage de la couronne et d'y apporter, chacun avec une fleur, un madrigal à la louange de la vertu, de l'esprit et de la beauté de Julie (O)?

Trois produits végétaux d'une importance majeure, destinés à modifier les usages, à influer puissamment sur la santé pu-

---

(1) *Poemata latina, in quibus continentur sex libri plantarum, duo herbarum, florum, sylvarum et unus miscellanearum,* 1668; et aussi : *Plantarum libri sex,* 1793; on en trouvera une analyse dans le Discours que Deleuze a mis en tête de sa traduction des *Amours des Plantes,* par Darwin.

(2) *Vites et vinum,* Paris 1696.

(3) *Prosopopeiæ botanicæ,* 1697-1699-1705.

(4) Un genre est une réunion d'espèces se ressemblant principalement par l'organisation florale : les rosiers bengale, Banks, à cent feuilles, sont des *espèces du genre* rosier.

blique et peut-être même sur le caractère des peuples, s'étaient introduits en Europe dans la première moitié du XVIIe siècle : le thé que Joncquet (1) comparait à l'ambroisie et qu'il qualifiait d'*herbe divine* ; le café et le quinquina que le Grand Roi honorait d'une dégustation en public. N'y avait-il pas là sujet à poésie? On cite au moins trois poëmes à la louange du thé (2) : Notre bon la Fontaine ne dédaigna pas de chanter les vertus de l'écorce péruvienne (3) ; et jamais Delille ne fut mieux inspiré qu'en célébrant sa reconnaissance pour l'arome du Moka (4).

A toutes les époques, l'esprit semble se complaire dans le merveilleux. Au XVIIe siècle, deux espèces de plantes se recommandaient aux investigations des curieux de la nature : le Baromets et la Passiflore.

Le voyageur A. Olearius d'abord, et après lui le P. Labat, avaient raconté le fait étrange d'un être mi-parti plante et animal, fixé au sol mais offrant la forme d'un quadrupède et broutant l'herbe autour de lui. Le Baromets, l'Agneau de Scythie ou de Tartarie offrait un aliment à la poésie, aussi le voit-on figurer dans trois poëmes sur les plantes (P) ; et en 1762, J. Bell dans son voyage à Ispahan, déclare avoir voulu rechercher sur les lieux mêmes la production qui avait pu faire propager une telle erreur. Il ne vit que quelques troncs de fougères couverts de longs poils soyeux, et les Tartares qu'il interrogea étaient les premiers à rire de la crédulité des étrangers à cet égard.

Nos jardins d'Europe avaient reçu du Nouveau-Monde deux espèces du genre Passiflore ou Grenadille, l'incarnate (en 1609)

---

(1) Médecin et botaniste du XVIIe siècle.

(2) Herrichen, *de Thea herba*, 1685 ; Francius, *in laudem Theæ sinensis onacreontica duo*, 1685 ; Petit, *Thea, sive de sinensi herba Thee carmen*, 1685.

(3) *Poëme du quinquina*, 1682.

(4) « Il est une liqueur au poëte plus chère,
Qui manquait à Virgile, et qu'adorait Voltaire,
C'est toi, divin Café.................. »

Les trois règnes, chant VIe, p. 90 de l'éd. de 1808, gr. in-8°.

et la bleue (en 1625), dont la fleur, selon l'expression
de Ferrari offrait *ce miracle de tous les jours, où l'amour divin
a inscrit de sa propre main les douleurs du Christ.* Quoi d'étonnant dès lors si les poëtes à la recherche du merveilleux dans
le règne végétal, célèbrent à l'envi les mérites de la fleur de la
Passion (1)?

Je ne quitterai pas ce xvıı^e siècle, si grand à tant d'égards,
si grand surtout par ses illustrations littéraires et poétiques,
devenues autant de modèles pour les générations suivantes,
sans exprimer un regret. De ces prosateurs, de ces poëtes,
dont le nom se transmet d'âge en âge, toujours entouré de la
même auréole de gloire et du même culte, je n'ai pu citer que
la Fontaine. C'est qu'en effet nos premiers critiques s'accordent à leur dénier le sentiment des beautés de la nature (Q).

Le xvııı^e siècle, qui devait être si fécond, s'ouvre par un
vrai poëme didactique sur la physique végétale, dû à la plume
d'un jésuite napolitain, Savastano (2). Les deux résultats les
plus importants pour la Botanique conquis dans le siècle précédent, les découvertes de Malpighi en micrographie, de
Tournefort en fait de classification, y sont habilement exposés.

En 1694, un professeur de Tubingue, Camerarius (3), fort
de scrupuleuses investigations, n'avait pas hésité à affirmer la
sexualité des plantes, encore niée par le grand Tournefort,
mais qui devait bientôt triompher, grâce au discours, resté
célèbre, de Sébastien Vaillant (4), et, grâce surtout aux brillants écrits de Linné. Cette découverte était pour la physique
végétale le pendant de celle de la circulation pour la physiologie animale (5), et, au point de vue littéraire, elle devait
régénérer le sentiment poétique dans ses emprunts au domaine

---

(1) Tels : Nieremberg, *Hist. nat.* 229; Rapin, *Hort.*, lib. 1.

(2) *Botanicorum seu institutionum rei herbariæ libri IV*, 1712; ouvrage
traduit en vers italiens, en 1749.

(3) *Epistola ad D. Mich. Bern. Valentini de sexu plantarum.*

(4) *Discours sur la structure des fleurs*, 1717.

(5) *Inventum fructificationis in Botanicis æquiparandum circulationi sanguinis in Physiologis* (Linné).

floral. Aussi, Savastano n'a eu garde de négliger cet élément, et à propos des Amentacées dioïques (1), il décrit la poussière des chatons mobiles portée par les zéphyrs sur les rameaux de l'épouse dont elle va vivifier les bourgeons.

Les amours des plantes, voilà en effet le thème qui, à partir de cette époque, va défrayer bien des poésies, et quel sujet plus séduisant aux yeux de qui veut peindre les merveilleux secrets de la nature?

C'est d'abord de la Croix qui, en 1728, publie ses *Connubia florum*, inspirés par l'écrit de Vaillant. Mais voici venir le règne de Linné, de Linné au sujet duquel toute comparaison est au-dessous du vrai, et qui, dès ses premiers débuts, ose embrasser dans son plan le recensement de la nature entière (2). Il ouvre son *Systema Naturæ* par un hymne d'une sublime poésie en l'honneur du Créateur. Dans ses brèves caractéristiques des êtres, il se montre sévère et concis, comme il convient à qui a devant soi un horizon presque indéfini; mais s'agit-il de grouper ces êtres en phalanges et de décrire d'une manière générale les organes et les fonctions des plantes, les images poétiques se multiplient à plaisir sous sa plume. Comme il sait mettre à profit, vulgariser et fixer à jamais ces notions, alors toutes récentes, encore vagues et indécises sur la sexualité végétale! Quel piquant attrait il excelle à donner aux sujets les plus sérieux! Sommeil et Veilles des Plantes, Métamorphose des Plantes, Fiançailles *(sponsalia)* des Plantes, Horloge et Calendrier de Flore, Délices de la Nature, etc., tels sont les titres de quelques-unes de ces nombreuses Dissertations académiques, décorées du gracieux nom d'*amœnitates*. Quoi d'étonnant dès lors qu'un tel homme ait électrisé toute une légion de jeunes naturalistes dont les travaux et les voyages en vue de l'histoire naturelle contribuèrent à ses progrès presque à l'égal de ceux du maître.

---

(1) La famille des Amentacées comprend les arbres à feuilles caduques de nos bois; la plupart d'entre eux ont les sexes séparés.

(2) Ce naturaliste, né en 1707, publiait, en 1835, la 1re édition de son *Systema Naturæ*, ouvrage qui a eu douze éditions.

Un des contemporains de Linné, son émule et presque son rival, Albert de Haller, se dévoile d'abord comme poëte. Publiant à l'âge de vingt-un ans un poëme encore estimé, *les Alpes* (1729). Le premier, il peint à l'imagination ces scènes d'une sublime majesté (R). Mais bientôt il songe à approfondir de plus près les merveilles de la nature, et il dote à la fois la Botanique d'une Flore de Suisse (1768), à laquelle on ne peut reprocher que l'exclusion de la nomenclature binaire, la zoologie d'une histoire des monstres et d'un immortel traité de physiologie (1777).

A la même époque, l'auteur de la Flore de Leyde (1740) et d'une nouvelle classification végétale, Adrien Royen ne dédaignait pas de chanter les amours et les noces des plantes (1); et cet exemple est imité, en Angleterre, par Darwin dans son *Jardin botanique* (1789) (2), honoré, quant à sa partie la plus poétique, d'une double traduction française et italienne; en France par Castel (*les Plantes* 1797), dont plus d'une description trouve place dans les anthologies modernes; et par P. Petit-Radel, dont l'ouvrage publié d'abord sous un titre singulier et piquant (3), devint plus tard le *Mariage des Plantes*.

Au XVIᵉ siècle le Tasse avait chanté les jardins d'Armide, Milton au XVIIᵉ les merveilles de l'Eden, et ces descriptions tiennent le premier rang parmi les modèles de poésies que peut offrir l'Italie ou l'Angleterre. N'était-ce pas un encouragement pour leurs successeurs? Aussi, vers la fin du XVIIIᵉ siècle, à William Mason célébrant le *Jardin anglais*, répond notre fécond versificateur Delille, dont *les jardins* (1782) furent accueillis avec une faveur marquée.

Parmi les illustrations littéraires de la fin du XVIIIᵉ siècle, brille l'auteur du *Faust*, ce *grand maître de la poésie, dont*

---

(1) *Carmen elegiacum de amoribus et connubiis Plantarum*, 1732, in 4º.

(2) *The botanic garden, a poem in two parts. Part 1, containing the economy of vegetation. Part II : the loves of the plants.*

(3) *De Amoribus Pancharitis et Zoroæ, poema erotico-didacticon*, 1789.

toutes les œuvres respirent un sentiment si profond de la nature (1). On s'étonnera peut-être qu'il n'ait pas chanté les fleurs, car jeune encore, il s'égarait dans les forêts de la Thuringe, à la recherche des plantes, et celles-ci n'étaient pas non plus le moindre objet de ses observations dans un voyage en Italie, sur ce sol privilégié *où tout a une forme* (2). Gœthe eut de plus hautes visées : jaloux de ceindre la double couronne littéraire et scientifique, il voulut et put être créateur dans l'un et l'autre domaine. Grâce à cette merveilleuse intuition, réservée aux hommes de génie, il proclama, preuves en main, pour les organes si diversifiés de la plante, le principe de l'unité dans la variété. Mais la *Métamorphose des plantes*, ce petit chef-d'œuvre, émanait d'un poëte ; que pouvait-on scientifiquement espérer d'un homme à qui tous les genres de littérature étaient également familiers et qui primait dans tous ? Le livre dut longtemps attendre avant de conquérir en bibliographie botanique le rang qu'il méritait.

Je réunis à dessein trois grands noms, représentant à la fois littérature, philosophie, botanique : Bonnet de Genève, l'auteur des *Contemplations de la nature et de l'Histoire des feuilles* : Jean-Jacques Rousseau, léguant à la littérature une *langue qui fut ignorée du grand siècle* (3), à la botanique, qu'il apprenait en compagnie de Bernard de Jussieu, des lettres considérées encore à bon droit comme un vrai modèle d'éléments ; enfin ce profond admirateur des merveilles du monde animé, si habile à parler le langage du cœur, et qui déversant toute son âme, soit dans ses romans, soit dans ses *Études* et ses *Harmonies de la nature*, fait jouer dans ses écrits un si grand rôle au règne végétal.

Rousseau et Bernardin de St-Pierre, voilà surtout les deux

---

(1) Expressions de Humboldt, *Cosmos*, t. 2, p. 83, de la trad. franç.

(2) « De l'Italie où tout a une forme, j'étais exilé en Allemagne où tout est amorphe » (Gœthe, *Histoire de mes études botaniques*).

(3) J'emprunte cette idée et ces expressions à Châteaubriand (V. *Mémoires d'Outre-tombe*, t. VIII, p. 39, édit. de 1850).

principales sources du sentiment de la nature allié au génie littéraire. Qui pouvait résister aux *Rêveries du promeneur so-litaire*? Qui ne désirait lier connaissance avec cette Pervenche devenue, comme le Myosotis, la fleur du souvenir (S)? Et lorsque l'auteur de *Paul et Virginie* cherchait, par des démons-trations parfois exagérées ou subtiles, à retrouver partout de sublimes convenances et le doigt de Dieu (T), l'histoire naturelle pouvait perdre de son prestige aux yeux de ceux qui la réduisent à de froids catalogues : mais elle ouvrait d'iné-puisables filons aux esprits supérieurs, ravis d'entrevoir que toutes nos facultés peuvent être utilement appliquées à l'étude des myriades d'êtres qui nous entourent. Sans dissi-muler que « les prairies paraissaient plus gaies avec les danses des nymphes, et les forêts peuplées de vieux sylvains, plus majestueuses », ces littérateurs philosophes ne pouvant plus nous montrer de divinités dans chaque ouvrage de la nature, nous montraient chaque ouvrage de la nature dans la Divinité (1).

« Alors aussi, suivant la juste remarque d'un homme de lettres (2), à la vieille et fade poésie de l'ignorance, succédait la splendide poésie du vrai, celle qui substitue à des fictions puériles, ce qu'il y a de plus grand ici-bas : les lois mêmes de Dieu entrevues de loin par l'esprit de l'homme. »

A la suite de Rousseau et de Bernardin de St-Pierre, peut-on omettre le nom du Buffon, de Buffon chez qui la passion de l'histoire naturelle ne le cédait qu'à la passion du style, de Buffon qui *n'est jamais plus parfait écrivain que lorsque, comme savant, il est plus exact et plus vrai* (3). La Botanique lui doit sans doute bien peu de travaux originaux (U); mais il ne lui a pas moins rendu un notable service, en faisant passer dans notre langue les belles recherches de l'anglais Hales en physiologie végétale (V).

---

(1) Bernardin de Saint-Pierre, *loc. cit.*, p. 292.
(2) M. Saint-René Taillandier.
(3) Voyez Flourens, *Chefs-d'œuvre littéraires de Buffon*, t. 1, p. 3.

C'est pour combattre les vues de Buffon en fait de classification, que Malesherbes, ce philanthrope dont la vie fut un
modèle, composait, dit-on, dès l'âge de dix-huit ans, ses
Observations sur l'Histoire naturelle de Buffon et de Daubenton
(1798, 2 vol.). Dans les interruptions de ses hautes fonctions
publiques, il sut constamment allier l'étude des belles-lettres
et de la science, appartint à trois des quatre classes de l'Ins-
titut (1), fut le correspondant de Jean-Jacques pour la botanique, et composa sur elle quelques écrits (X).

Une mention appartient encore ici à l'auteur infortuné
des *Mois*. Avant d'aller porter, comme Malesherbes, sa tête
sur l'échafaud, le poëte goûtait au fond de sa prison quelque
soulagement à la vue des fleurs que sa fille avait cueillies pour
lui, et qui lui rappelaient le souvenir des beautés de la nature.
Les touchantes lettres de Roucher et d'Eulalie doivent à la
botanique une bonne part de leur charme.

Il serait injuste d'oublier enfin le nom de Georges-Adam
Forster, ce voyageur-botaniste, *doué d'un sentiment exquis
pour les beautés de la nature* (Humboldt), et qui excelle à les
peindre.

Et notre XIXᵉ siècle est-il resté en arrière, comparé à ses
devanciers? Non assurément. Il compte de hardis voyageurs,
jaloux de puiser l'inspiration aux sources même de l'infinie
grandeur, dans ces forêts vierges du Nouveau-Monde, où tout
est animation et mystère. Qui n'aime à suivre par la pensée
les Saint-Hilaire (Auguste de) (2), les Humboldt (3), les
Martius (Y), nous retraçant ces magnifiques tableaux des
régions tropicales? Qui ne se plaît même dans la compagnie de
Ramond, bornant, au début de ce siècle, son ambition à esca-

----

(1) Honneur qu'il a eu le second après Fontenelle.

(2) *Voyage dans les provinces de Rio-de-Janeiro et de Minas Geraes*,
2 vol., 1830. — *Voyage dans le district des Diamants et sur le littoral du
Brésil*, 2. vol., 1833. — *Tableau géographique de la végétation primitive dans
la province de Minas Geraes*, 1837.

(3) *Tableaux de la nature*, 2ᵉ édit.

lader le Mont-Perdu, décrivant avec l'enthousiasme de l'homme de la nature la majesté de ces sites, où il sait habilement introduire la désignation des plantes les plus rares de montagnes jusqu'alors inexplorées (1) ?

D'autres botanistes, plus sédentaires, n'en ont pas moins allié le culte des Lettres à celui de la Science. Ici prime d'abord le nom de de Candolle, qui, tout jeune encore, s'essayait à la poésie (Z), et qui, comme Linné, embrassant, avec un égal succès, toutes les branches de la phytologie, a laissé dans ses nombreux écrits la trace de ce sentiment littéraire que l'étude de la nature est si propre à développer. «Dans sa chaire, comme dans les salons de Genève, dans les faciles improvisations du professeur, comme dans les capricieux détours de la conversation, il y a chez lui une grâce, une vivacité, et, si je puis parler ainsi, une saveur littéraire qui double le prix de la pensée. Cette poésie, qui avait été la première ambition de sa jeunesse, est devenue le délassement de son âge mûr. Il écrit des vers, non pour le public, mais pour des amis intimes, pour les compagnons de ses travaux (2). »

Après ce grand nom, est-il permis de rappeler que l'auteur de la *Flore agenaise* (1821) (3) a donné à la littérature une traduction de *la Médée* de R. Glover, le *Spectateur champêtre* (1785), des *Fragments d'un voyage sentimental et pittoresque dans les Pyrénées* (1789) ?

L'élégante latinité d'Endlicher, où se retrouve aussi le souffle poétique, sera toujours, aux yeux des savants, un titre de plus à la faveur de ses ouvrages botaniques (4), si importants d'ailleurs, par le fond. En littérature, de profondes

---

(1) *Voyage au Mont-Perdu*, 1801. — Ramond avait déjà publié, en 1789, ses *Observations faites dans les Pyrénées*.

(2) Discours de M. Saint-René Taillandier à l'*Inauguration du buste de de Candolle*, 1854.

(3) J. François de Saint-Amans.

(4) *Genera plantarum*, 1836-1840, *Enchiridion botanicum*, 1841.

études sur la langue chinoise doivent contribuer encore à sa gloire.

Et, dans le camp des littérateurs des premières années de ce siècle, ou même de l'époque actuelle, combien n'en est-il pas qui, pour raviver ou rajeunir leurs pensées, ont cherché un aliment dans ce monde fantastique de formes végétales qui, se pressant à l'envi sous nos pas, sous nos mains, et jusque sur nos têtes, semblent nous solliciter à leur étude? C'est Aimé Martin, l'auteur des *Lettres à Sophie* (1), l'admirateur passionné, et presque le continuateur de Jean-Jacques et de Bernardin de Saint-Pierre, publiant d'excellentes éditions de nos premiers poëtes (2) ; c'est Mme de Genlis qui, après de nombreux écrits sur la littérature et l'éducation, consacrait les dernières années de sa vie à composer son *Herbier moral* (3) et sa *Botanique historique et littéraire;* c'est Fauriel, le savant auteur de l'*Histoire de la poésie provençale,* pour qui *la botanique fut d'abord et resta longtemps une de ses passions favorites* (AA) ; c'est Chateaubriand, sachant faire à tout propos dans ses *Voyages* la plus heureuse application de ses connaissances de naturaliste, et apprenant avec ravissement, de la bouche de de Candolle, qu'il avait peut-être offert, à son insu, ses hommages à quelque beauté végétale de cinq mille ans dans les forêts américaines (BB) ; c'est l'auteur des *Fleurs animées* et des *Promenades autour de mon jardin* (4); puis l'auteur de *Picciola* (5), où déborde tant de sentiment pour une simple fleur des champs. Et combien n'en citerions-nous pas encore (CC), sans oublier quelques belles pages sur les plantes d'un de nos premiers

---

(1) *Sur la physique, la chimie et l'histoire naturelle,* 1810.

(2) Racine et Molière.

(3) Recueil de Fables assez médiocres, destinées, d'après l'auteur, à *vivifier, pour ainsi dire, la Botanique, en la présentant en apologues.* (Voir l'Épitre dédicatoire de ce livre, p. 14.)

(4) Alph. Karr, membre de la Société botanique de France.

(5) Saintine.

historiens (1), délaissant, en partie du moins, ses études de prédilection, pour peindre en poëte l'insecte, l'oiseau, la montagne, tout ce qui frémit et palpite !

Les poëtes non plus ne font pas défaut à la botanique. Dès 1799, Parny publiait un petit poème sur les *Fleurs*, et, quelques années plus tard, tandis que Bettinelli donnait, en Italie, ses *Mystères de Flore* (2), le fécond Delille, séduit par un sujet encore plus vaste, célébrait les merveilles des *Trois règnes de la nature* (1809), et le 6e chant, relatif à l'organisation des plantes, n'est certes pas le moins réussi.

Après lui, Régnault de Beaucaron (1818), et Mollevant chantent encore les fleurs ; et, en 1835, Melleville reprenait pour son poëme un titre qui tentera sans doute encore plus d'un versificateur : *les Amours des plantes*.

L'énumération serait longue de ceux qui, choisissant un cadre plus restreint, se sont limités à une famille (3), ou même à une fleur isolée (4).

Le digne successeur des Troubadours et de Goudouli, le poëte agenais, dont la réputation est si bien établie, n'a jamais été mieux inspiré que dans un de ses chants en l'honneur de sa vigne (DD); tant sont intimes les liens de la nature végétale et de la poésie !

Mais, pourquoi chercher ailleurs tant de preuves de l'alliance de la poésie et du gracieux domaine de Flore ? N'est-ce pas la fleur qui, dans notre vieille cité, et depuis le règne de Clémence Isaure, récompense les lauréats dans la langue des Troubadours ? Un de nos anciens confrères, qui eut également l'honneur, Messieurs, de diriger vos travaux, n'a-t-il pas prouvé qu'il réunissait à la fois au mérite du botaniste complet le charme du poëte (5), et toutes les ressources de la langue

---

(1) M. Michelet.

(2) *I Misteri di flora*, 1806.

(3) Tel Marquis pour *les Solanées* (1817).

(4) Villemain, *le Liseron des champs* (1839).

(5) L'indication des poésies d'Alfred Moquin-Tandon se trouve dans ce Recueil, 6e série, t. xi, p. 6 et 7, dans mon *Éloge de M. Moquin-Tandon*.

romano-provençale ? Le poëte ne se révèle-t-il pas tout
entier quand, dans cette belle fiction, le noyer de Mague-
lone (1), dont le cachet d'antiquité en imposa à Raynouard
lui-même, il rattache ingénieusement à l'ombre de l'arbre, à
son fruit, à son tronc, à son bourgeon et à sa fleur les prin-
cipaux épisodes de la société dans la seigneurie de Montpellier au commencement du xive siècle ?

Un helléniste des plus distingués écrivait récemment :
« La poésie et la science ont deux domaines que le progrès de l'esprit humain tend chaque jour à séparer davan-
tage (2) ». Et, à l'appui de cette assertion, M. Egger cite les
vains efforts tentés par André Chénier pour doter la poésie
d'une œuvre aussi marquante pour notre époque que le fut le
de natura rerum pour le siècle d'Auguste. L'Hermès (3) devait échouer aux mains même de celui qu'on a parfois qua-
lifié du plus grand poëte français.

Qu'une telle entreprise soit aujourd'hui au-dessus des forces
d'un seul, je l'accorde aisément, tant est lointain l'horizon en
chaque branche des connaissances humaines! mais en conclure
à une scission de plus en plus profonde entre la poésie et la
science, c'est une conséquence assurément en désaccord avec
les prémisses, et la thèse contraire me semble avoir pour elle
tous les arguments. Jamais l'histoire naturelle n'a offert plus
et d'aussi grands sujets accessibles à la poésie : retrouver partout et toujours l'unité sous les apparences d'une variété infinie, et la plus grande économie de moyens combinée avec
la plus grande diversité dans les résultats; rapporter toutes
ces configurations, tout ce brillant prestige de couleurs et
toutes ces nuances infinies d'odeurs et de saveurs à un très-
petit nombre d'éléments anatomiques, à un nombre limité
d'éléments chimiques; voir dans le domaine des fleurs des

---

(1) *Carya Magalonensis*, Toulouse, 1836; 2e édit., avec traduction française en regard, Montpellier et Toulouse, 1844.

(2) Voy. *Revue des Cours littéraires*, 5e année, p. 11.

(3) C'est le nom de l'œuvre entreprise par A. Chénier.

instincts et des mœurs, et même l'analogue d'une extrême sen-
sibilité (1), et jusqu'au mouvement continu (2); surprendre les
secrets de la fécondation des plantes à distance, et montrer
que là, plus qu'ailleurs, les unions adultérines sont les plus
fécondes ; dévoiler ce rajeunissement annuel de l'arbre vingt
fois séculaire, grâce à cet enfantement, régulièrement annuel
aussi, de myriades de bourgeons, qui, comme autant de
parasites, *ont en commun la nutrition* et *mangent au réfec-*
toire (3) ; pénétrer les secrets de la nature, se parodiant elle-
même, soit dans les formes animales qu'elle impose aux fleurs
de nos orchidées et de nos légumineuses, aux corallines
comme aux champignons, soit dans les apparences végétales
dont elle revêt et tant de tribus animées de ce *Monde* mysté-
rieux *de la mer* (4), et ces mouches-feuilles sur lesquelles
les travaux d'un de nos confrères (5) ont jeté tant de jour :
discuter le principe de la suprématie organique en oppo-
sant l'être hermaphrodite végétal à l'être unisexué, la Drave
printanière et la Tillée mousseuse à peine apparente, mais à
fleur complète, au Séquoia géant dont le tronc plus de vingt
fois séculaire a ses organes floraux à l'état de rudiment :
voilà bien de quoi défrayer les imaginations poétiques. —
Le champ serait-il encore trop restreint? Que d'idées sur la
concurrence vitale (*Struggle for life*) à emprunter à M. Darwin,
et sur les transformations des êtres, dont les types primitifs,
moulus et remoulus par la main du temps, auraient enfanté
toutes ces formes paraissant fixées, mais réellement indécises
et toujours fluctuantes et perfectibles du monde actuel (6).

---

(1) Sensitive (*Mimosa pudica*).

(2) Sainfoin gyratoire (*Desmodium gyrans*), dont les folioles latérales de
la feuille composée exécutent sans discontinuité jusqu'à 60 oscillations en une
minute.

(3) Expressions de Dupont de Nemours (*Quelques mémoires sur différents
sujets*).

(4) Tout le monde connaît le bel ouvrage publié sous ce titre, et déjà par-
venu à sa seconde édition, par A. Frédol (pseudonyme d'A. Moquin-Tandon).

(5) M. le professeur N. Joly.

(6) Si cette théorie se prête à la poésie, elle ne nous paraît nullement dé-
montrée.

Et si tout cela n'est point assez : transportez le poëte sur les
hautes cimes du Liban ou de la Californie, où dominent les
colosses des essences arborescentes, ou dans les forêts de Java,
au sein desquelles les Rafflésies ne sont pas les moindres mystères, ou bien encore sur les rivières de la Berbice et du
Parana (Amérique méridionale), où il pourra contempler
çette reine des eaux (*Victoria regia*) dont la vue frappa si
profondément d'admiration le voyageur naturaliste Haenke,
qu'il se prosterna devant Dieu, pour remercier le Créateur
d'une telle merveille. Les forêts indiennes lui offriraient et le
figuier des pagodes, dont les singulières colonnades font du
Pipal ou *Multipliant* un immense dôme aux nombreux réduits
(EE), et cette *Amherstia nobilis*, magnifique papilionacée
pour la possession de laquelle le duc de Devonshire n'a pas
hésité à fréter un bâtiment ; et cet arbre aux dix mille images,
qui ne nous est connu que par les relations du Père Huc; et que
sais je encore? L'Afrique, dont le centre semble vouloir défier
sans cesse l'audace de l'Europe, n'a-t-elle pas ses baobabs, et
ce singulier *Welwitchia mirabilis*, arbre à deux uniques feuilles, qui vient se poser comme un nouveau problème pour la
physiologie végétale ? Où donc la théorie de l'esthétique, si
féconde pour les lettres, puiserait-elle à une plus riche source
que le règne végétal? (FF).

J'ai peut être trop cédé, Messieurs, à l'entraînement de ces
considérations, car je n'ai encore rien dit des travaux de la
Compagnie, des résultats scientifiques de la présente année
académique.

Mais en vérité à quoi bon? Nos procès-verbaux hebdoma-
daires n'apprennent-ils pas au public que chacun de nos
confrères est également jaloux de conserver à l'Académie
le rang qu'elle occupe, ou plutôt de l'élever encore?

Le soin qu'elle apporte dans le choix de ses admissions,
uniquement déterminées par la valeur intellectuelle et morale de l'homme, est évidemment pour elle un sûr garant
de progrès. Par suite du passage de notre vénéré doyen,

M. Ducos, au nombre des membres libres , elle avait à pourvoir à une vacance dans la classe des Inscriptions et Belles-Lettres : plusieurs noms semblaient d'avance indiqués , mais une seule candidature s'est produite.

En s'associant M. Humbert , professeur de Droit romain à notre Faculté de Toulouse et secrétaire perpétuel de l'Académie de législation , la Compagnie s'est assurée une collaboration active et efficace.

Nous avons aussi été heureux d'inscrire sur la liste de nos correspondants deux noms, l'un celui de M. Sédillot , déjà célèbre dans les fastes de la chirurgie, l'autre celui de M. Gustave Le Bon , connu par des recherches sur un grand nombre de points intéressants de médecine.

Mais pourquoi toujours , à côté de nouveaux gains, de nouvelles pertes? La mort nous a ravi deux de nos membres les plus distingués, l'un résidant, l'autre correspondant, tous deux Toulousains d'origine : M. Adolphe Caze , officier de la Légion d'honneur et de l'Instruction publique, Président de chambre à notre Cour impériale, membre du Conseil général, du Conseil académique et du Conseil départemental , ancien Député de la Haute-Garonne et ancien membre du Conseil municipal , des Académies des Jeux-Floraux et de Législation , de la Société archéologique et de celle d'agriculture qui l'appela plusieurs fois à l'honneur de la présidence, Représentant du département dans l'Enquête agricole, un de ces hommes d'élite et par le cœur et par l'intelligence , une de ces natures privilégiées qu'on ne pouvait approcher sans l'aimer , et dont la vie abrégée, dévorée même par le travail, par un scrupuleux accomplissement du devoir et par un dévouement absolu à la chose publique, offre un des plus nobles exemples à proposer et à suivre (GG). — Jean-Marie-Alexandre Costes , professeur titulaire à l'Ecole de médecine de Bordeaux et rédacteur en chef du journal de médecine de cette ville , auteur d'un important ouvrage, l'*Histoire critique et philosophique de la doctrine physiologique* (1) , et de nombreux

---

(1) Un vol. in-8° de 500 p. , couronné par la Société de médecine de Caen.

Mémoires sur diverses parties de l'art médical (1), tour à tour
secrétaire général de l'Académie des sciences, Belles-Lettres et
arts de Bordeaux et Président de la Société de médecine de
cette ville, membre honoraire de la Société philomathique de
Bordeaux : encore une vie des mieux remplies, et dont les
premiers débuts avaient été marqués par des services chi-
rurgicaux dans l'armée d'Espagne (de 1811 à 1814).

Messieurs, arrivé presque au terme du mandat que vous avez
daigné me confier durant trois années successives et, qu'en
vertu de nos statuts, je dois déposer à la fin de celle-ci, je tiens
à exprimer publiquement à mes confrères mes sentiments de
reconnaissance pour un concours qui ne m'a jamais fait
défaut, heureux d'emporter le souvenir de ces rapports toujours aimables avec des hommes unis par un même dévouement aux progrès des sciences et des lettres. C'est le privilége
de ces nobles études d'aplanir les aspérités qui divisent trop
souvent, et parfois sans raison, tant de nobles cœurs si bien
faits pour s'estimer les uns les autres. L'extension de ces
liens de fraternité réciproque n'est pas un des moindres bien-
faits des institutions scientifiques, et je tiens à proclamer,
comme un grand honneur pour notre Compagnie, qu'on les
chercherait vainement ailleurs plus développés que dans
cette enceinte.

---

(1) En particulier : 1º Mémoire sur la fistule lacrymale ; 2º Considérations
sur le diabètes ; 3º Mémoire sur les préparations de fer ; 4º Mémoire sur
les tumeurs emphysémateuses du crâne, etc.

EXPLICATIONS. — DÉVELOPPEMENTS.

(A) La phytographie ou description des végétaux n'est qu'une des nombreuses divisions de la Botanique, dont le domaine embrasse l'étude des plantes envisagée sous toutes les faces : leur organisation extérieure (*Morphologie*) et intérieure (*Anatomie végétale*), leur vie (*Physiologie*) et leur mode de développement, soit à l'état normal (*Organogénie*), soit à l'état de maladie (*Nosologie*), ou de monstruosité (*Tératologie*); leur classification *(Taxinomie)* et leur description, leur dispersion dans l'espace (*Géographie botanique*), ou dans le temps (*Paléontologie végétale*); leur histoire, leurs usages ; enfin, les rapports des plantes avec tous les êtres de la création et les questions les plus générales de convenance et de finalité (*Philosophie botanique*).

(B) Remarquons, à ce propos, le grand rôle que joue la Rose, soit dans le singulier poëme du XIII siècle, le *Roman de la Rose*, par Guillaume de Lorris, soit dans la littérature Persane, à partir du moyen âge. « L'objet favori de la poésie Persane, écrit de Humboldt, l'amour du rossignol et de la rose, revient toujours d'une manière fatigante, et le sentiment intime de la nature expire en Orient dans les raffinements conventionnels du langage des fleurs. » (*Cosmos*, t. II, trad. franç., p. 47).

(C) Στέφανος : c'est à Méléagre que l'on doit, dit-on, la première anthologie qui nous soit parvenue; mais Jean Stobée, compilateur grec du Vᵉ siècle, est peut-être le premier qui ait employé le mot anthologie (ανθολόγιον, ανθολογία), dans le sens de Recueil ou choix *in quo sint auctorum Græcorum collecti flores* (H. Etienne, *Thesaurus Græcæ linguæ*, t. I, pars 2, p. 768). Au Xᵉ siècle, ce nom fut repris par Constantin Céphalas, au XIVᵉ par Planude, et plus près de nous, par le savant helléniste allemand Jacobs.

(D) Dans la collection des *Poetæ bucolici et didactici* (Firmin Didot, 1851, pag. 169-174), figure : 1º un poëme grec d'un anonyme, sur les plantes, où l'auteur passe successivement en revue une vingtaine d'espèces appartenant à divers genres ; 2º un second poëme grec de Phile, consacré à l'épi, à la vigne, à la rose et à la grenade.

(E) «Ut poeticis numeris explerem Georgici carminis omissas partes, quas tamen et ipse Virgilius significaverat, posteris se memorandas relinquere (Columelle, *de re rustica*, libri decimi præfatio). »

(F) Le sujet de l'élégie du Noyer a été emprunté, paraît-il, à une épigramme comprise dans l'*Anthologie grecque* et attribuée par les uns à Platon, par les autres à Sidonius Antipater. Erasme a considéré la pièce d'Ovide comme une allégorie dans laquelle l'auteur a voulu louer les mœurs antiques et stigmatiser les vices dominants de son siècle, l'avarice et le luxe. (Voy. œuvres d'Ovide, édit. Panckoucke, t. II, p. 85-112).

C'est vraisemblablement une réminiscence des vers du poëte latin, qui a dicté à Boileau le suivant :

« Et du noyer souvent du passant insulté. »

(G) « Lucus erat longo nunquam violatus ab ævo,
  etc..... »
Pharsale, liv. III, vers 399 et suiv.

(H) « Purpureus veluti cum flos succisus aratro,
  » Languescit moriens, etc..... »
Enéide, lib. IX, vers 435 et suiv.

Bernardin de Saint-Pierre fait observer qu'aucun poëte latin n'égale Virgile, en fait de tableaux de paysage, et ajoute : « Lucrèce a bien autant de talent pour le moins, mais il n'avait étudié la nature que dans le système d'Epicure. On ne voit dans ses vers aucun de ces contrastes de végétaux, qui produisent de si agréables harmonies. »
Harmonies de la nature, édit. de 1818, t. I, p. 287.

(I) Kurt. Sprengel caractérise en deux mots les vers de Macer : *Pessissimi versus* (*Historia rei herbariæ*, t. I, p. 225).

(J) Le mérite de Rabelais, au point de vue botanique, a été surtout mis en saillie par M. L. Faye, dans une petite brochure intitulée : *Rabelais botaniste*, 2e éd. Angers, 1854 : Rabelais y est proclamé « le premier Français digne du nom de botaniste, p. 16.» C'est pour reconnaître ces services, qu'à la date de quelques années, M. J.-E. Planchon crut devoir dédier à l'ami de Rondelet (célèbre naturaliste de Montpellier), le genre *Rabelaisia*, pour un nouvel arbre des Philippines, le *Rabelaisia philippinensis* Planch., (in Hooker, *London journ. of Botany*, t. IV, p. 519, cum icone).

(K) Paracelse avait écrit que, pour découvrir les vertus des végétaux, il fallait en étudier l'anatomie et la chiromancie, car leurs feuilles sont leurs mains, et les lignes qu'elles montrent indiquent les propriétés qu'elles possèdent. (Voir la dernière édition de la *Biographie universelle* de Michaud, art. *Paracelse*).

(L) On lit dans le *Dictionnaire de matière médicale* de Mérat et de Lens, à l'article *Nicotiana*, t. IV, p. 610 : « Mahomet IV qui haïssait fort le tabac, sa fumée, et surtout les incendies causés par les fumeurs, faisait sa ronde pour les surprendre, et en faisait pendre autant qu'il en trouvait, après leur avoir fait passer une pipe au travers du nez (Tournefort, *Voyage*, II, 307). Un autre empereur des Turcs, Amurat, le grand duc de Moscovie, un roi de Perse, etc., en défendirent aussi l'usage sous peine de la vie ou d'avoir le nez coupé ».

(M) R. Rapinus, *Hortorum libri* IV, Paris 1665.— P. L. Carré a donné une imitation en vers du commencement du 1er livre des jardins de Rapin, et d'un fragment du 2e livre du même poëme. (Voir *OEuvres complètes* de P. L. Carré, pp. 287 et 291).

(N) P. L. Carré avait aussi commencé une traduction en vers du *Prædium rusticum* (voir son Éloge par M. Tajan, en tête des *OEuvres complètes* de P. L. Carré, p. xlix); et il consacre à Vanière les trois vers suivants :

> Là, Vanière, oubliant une pénible étude,
> Au murmure des eaux et des zéphyrs flatteurs,
> Laissait couler des vers aussi doux que ses mœurs.

(O) On peut consulter sur ce sujet le *Dictionnaire historique et critique* de Bayle, *la Société française*, par V. Cousin, t. I, c. 6 et c. 9, enfin *les œuvres* de P. L. Rœderer, t. II, p. 466. J'extrais de ce dernier livre les lignes suivantes :

« Ce fut pendant son séjour à Paris, dans l'hiver de 1681, que le marquis de Montausier fit à Julie cette fameuse galanterie d'une guirlande peinte sur vélin *in-folio*, par Robertet, à la suite de laquelle se trouvent toutes les fleurs dont elle se compose, peintes séparément, chacune sur une feuille particulière, au bas de laquelle est écrit de la main de Jarry, célèbre calligraphe et noteur de la chapelle du Roi, un madrigal qui se rapporte à cette fleur.

Dix-huit auteurs ont concouru à l'œuvre poétique, savoir : le duc de Montausier, les sieurs Arnauld d'Andilly père et fils, Conrart, Mme de Scudéry, Malleville, Colletet, Hubert, Arnauld de Corbeville, Tallemant des Réaux, Martin, Gombauld, Godeau, le marquis de Briote, Montmor, Desmarest et deux anonymes. Le volume qui contient cette guirlande, célèbre sous le nom de *Guirlande de Julie*, a été vendu 14,510 fr. à la vente de M. de la Vallière, il y a quarante ans.

Cet hommage du marquis de Montausier était-il de si mauvais goût ?

La violette disait à Julie :

> « Modeste en ma couleur, modeste en mon séjour,
> Franche d'ambition, je me cache sous l'herbe.
> Mais si, sur votre front, je puis me voir un jour,
> La plus humble des fleurs sera la plus superbe. »

..... Toutes (les fleurs) payent un tribut plus ou moins flatteur. Les dix-huit noms propres qui s'étaient associés aux noms de ces fleurs, étaient les plus célèbres du temps. »

Je me plais à reconnaître que je dois l'indication de ces documents à mon collègue et confrère M. Humbert.

(P) Cette fougère appelée par Linné *Polypodium Baromets*, est célébrée dans les Œuvres poétiques de Du Bartas, d'E. Darwin et de de La Croix. J'emprunte aux *Connubia Florum* de ce dernier auteur les quelques vers suivants :

> Surgit humo Raromes. Præcelso in stipite fructus
> Stat Quadrupes. Olli Vellus. Duo cornua Fronte
> Lanea, nec desunt Oculi, rudis Accola credit
> Esse Animal, dormire die, vigilare per umbram,
> Et circum exesis pasci radicitùs herbis.
> **Vers 171-175.**

Du Bartas terminait ainsi sa description de l'être mi-parti :

> « La plante, à belles dents, paît son ventre affamé
> » Du fourrage voysin ; l'animal est semé. »

(Q) M. de Villemin fait remarquer que Boileau, en fait de descriptions naturelles, n'a que deux vers :

> « Tous ses bords sont couverts de saules non plantés,
> » Et de noyers souvent du passant insultés. »

L'éminent critique ajoute que Corneille, Racine et Molière, totalement absorbés par l'étude de l'homme, ont complétement négligé la nature. (*Cours de littérature*, 2e édition, t. III, p. 424 et suiv.)

« Cherchez, dit à son tour M. Nourrisson, le sentiment de la nature chez Bossuet, chez Pascal, il faut bien reconnaître qu'il leur manque. Ces prosateurs sublimes ne parlent que de l'âme... Il n'y a pas jusqu'aux poëtes de ce siècle mémorable qui ne restent comme insensibles aux beautés rustiques. La peinture des passions est l'unique objet auquel s'appliquent les plus illustres d'entre eux. » (Voyez *Journal de l'Instruction publique* du 4 janvier 1860, p. 4.)

Non moins explicites sont ces paroles de M. de La Prade : « Le sentiment de l'infini est absent de la poésie du XVIIe siècle, aussi bien que le sentiment de la nature... Jamais un écrivain de cette époque ne s'est promené en regardant les fleuves, les arbres, les moissons, en écoutant les oiseaux et le feuillage. (Voir *Revue de Paris* du 1er juillet 1867). » Notre charmant la Fontaine est le seul qui, selon l'expression de M. Villemin, *ait aimé les champs* et *peint la nature*. Mais s'il donne une âme et une voix aux animaux et jusqu'au chêne et au roseau, il n'en dépouille pas moins tous ces êtres de leur vie propre et indépendante, et semble méconnaître ainsi un des plus magnifiques attributs de la création.

B. de Saint-Pierre fait judicieusement remarquer que la fable si philosophique, *le Chêne et le Roseau*, est presque la seule où la Fontaine ait mis deux végétaux en scène, et l'auteur des *Harmonies de la nature* ajoute : « par la manière dont il l'a traitée, on voit qu'il aurait trouvé aisément des symboles de toutes les passions humaines dans les herbes et les arbres, dont les genres ont des caractères si différents (t. i, p. 260.) »

Sans vouloir porter la moindre atteinte à la juste admiration généralement professée pour nos génies du grand siècle, j'ai dû rappeler ce reproche émané d'hommes assurément compétents à tous égards.

Remarquons enfin que le second fabuliste français n'a pas mis plus souvent que la Fontaine deux végétaux en scène, car le *Lierre et le Thym* est la seule des *fables* de Florian (liv. 1 , f. 15) offrant ce caractère.

(R) De Humboldt fait observer, que les hommes d'états, chefs d'armée et littérateurs romains qui, pour se rendre en Gaule, traversaient les Alpes de l'Helvétie, *ne savent que se plaindre du mauvais état des chemins, sans jamais se laisser distraire par l'aspect romantique des scènes de la nature*. (*Cosmos*, t. 2, p. 25 et 26 de la traduction française).

(S) « A l'époque où parurent les *Rêveries du promeneur solitaire*, le Jardin des Plantes de Paris ne désemplissait pas de dames élégantes et de gens du monde, qui venaient pour voir la Pervenche, qu'ils avaient auparavant cent fois foulée aux pieds sans l'apercevoir (de Candolle, in *Mémoires de la Société de Physique et d'histoire naturelle de Genève*, t. v, p. 20). » Et aujourd'hui encore, n'est-il pas à propos de dire de la Pervenche, que « la plus humble plante nous parle d'un auteur toujours vivant? »

(T) *Le Spectacle de la Nature* de Pluche, 8 tom. en 9 vol., 1732, ouvrage qui fut traduit en plusieurs langues, avait déjà préparé les esprits à ce genre de considérations, reprises et développées, en 1841, par Vaucher dans son *Histoire physiologique des plantes d'Europe*, 4 vol.

(U) Cependant Buffon a publié, en collaboration avec Duhamel, sous le titre d'*Expériences sur les végétaux*, 4 mémoires : 1° expériences sur la force du bois; 2° moyen facile d'augmenter la solidité, la force et la durée du bois; 3° recherches sur la cause de l'excentricité des couches ligneuses, etc. ; 4° observations de différents effets que produisent sur les végétaux les grandes gelées d'hiver et les petites gelées du printemps. C'est donc à tort que le *Thesaurus literaturæ botanicæ* de Pritzel omet le nom de Buffon dans l'énumération des auteurs de travaux originaux en botanique.

(V) Le *Vegetable Staticks* de Hales, 1727, est et sera toujours un vrai modèle de recherches expérimentales. A l'époque de la publication de cet ouvrage, les langues vivantes étaient moins cultivées qu'elles ne le sont aujourd'hui, et l'on doit en savoir d'autant plus de gré à Buffon de s'être astreint à traduire la *Statique des végétaux*, 1735. Ce livre a eu trois éditions anglaises, et sa traduction française en a eu deux.

(X) En littérature, Malesherbes (C.-G. de Lamoignon) a laissé *Pensées et maximes*, etc. (1802), et sur les sciences naturelles, une introduction à la botanique (restée à l'état de manuscrit). Les œuvres de Jean-Jacques Rousseau renferment deux lettres de ce philosophe à Malesherbes; l'une — c'est une réponse — sur la formation des herbiers et sur la synonymie; l'autre, datée de 1771, sur les mousses.

(Y) Au sujet de M. de Martius, M. Alph. de Candolle a écrit : «Partout, mais principalement dans la relation historique du Voyage (*Reise in Brasilien*), le poëte est inséparable du botaniste, et l'un ne nuit pas à l'autre..... Sous la plume de M. de Martius, les détails topographiques et statistiques sont coupés par d'admirables descriptions, aussi belles et plus vraies que celles de Châteaubriand... Plusieurs morceaux du Voyage de M. de Martius ont été transcrits,

comme spécimen de prose élégante et poétique, dans des Recueils
à l'usage de la jeunesse (*Notice sur la vie et les ouvrages de
M. de Martius*, p. 12 et 13). »

(Z) On lit dans les *Mémoires et souvenirs* d'A.-P. de Candolle,
p. 28 : « Je continuais à faire des vers sur tous les petits événements
de ma vie »; et la fin du volume, pp. 573 à 586, offre quelques
pièces de poésie échappées de la plume du savant Genévois.

(AA) Voy. Sainte-Beuve, *Portraits contemporains*, t. 2, p. 487 :
« N'est-il pas piquant d'ajouter encore, dit le même critique,
p. 542, qu'il (Fauriel) profitait de son séjour aux champs pour
cultiver la botanique, amasser des collections de plantes et qu'il
faisait volontiers, en compagnie de son ami, M. Dupont, des ex-
cursions *cryptogamiques*, à Meudon, *lieu chéri des mousses ?* »

(BB) On lit, en effet, dans une lettre de Châteaubriand à de
Candolle, en date du 25 juin 1831 : « Ma passion pour les arbres
a été ravie d'apprendre qu'ils vivent si longtemps, et que j'ai peut-
être offert mes hommages à quelque beauté de cinq mille ans dans
les forêts américaines; mais je vois, d'après cela, que les oliviers
de Jérusalem, tout vieux qu'ils me paraissaient, n'étaient que des
bambins » (Voy. *Mémoires et souvenirs* d'A.-P. de Candolle,
pp. 357-6). — Les *Mémoires d'Outre-Tombe* offrent encore quelques
pages pleines de fraîcheur, de Châteaubriand botaniste : « J'aimerai
toujours les bois : la Flore de Carlsbad, dont le souffle avait brodé
les gazons sous mes pas, me paraissait charmante; je retrouvais
la laiche digitée, etc... Voilà que ma jeunesse vient suspendre ses
réminiscences aux tiges de ces plantes que je reconnais en passant.
(Edit. de 1850, t. XI, p. 25) »

(CC) Si la nature de ce travail me l'eût permis, j'aurais été heureux de citer de savants collègues ayant donné et donnant, tous les
jours, de nouvelles preuves de l'association du culte des Sciences
et des Lettres.

(DD) Je n'ai qu'à copier ici, à l'appui de cette assertion, le té-
moignage d'un homme compétent, auteur d'une judicieuse analyse
des écrits de Jasmin : « La plus belle des poésies appartenant à
cette première catégorie (le genre badin), et celle que le poëte ai-
mait le plus à réciter, c'est la célèbre pièce, *Ma Bigno*; véritable
perle, parce que c'est un chef-d'œuvre de jovialité et de bonne
philosophie. » (Rodière, dans la *Revue de Toulouse*, t. XX, p. 408.)

(EE) « L'homme trouve des appartements entiers de verdure,

avec leurs cabinets , leurs salons , leurs galeries , sous les arcades du figuier des Banians (Bernardin de Saint-Pierre , *Harmonies de la nature*, t. i , p. 78.) »

(FF) Ces lignes étaient écrites , quand le hasard m'a procuré la lecture d'un excellent article d'un de mes collègues de Faculté , et où l'auteur arrive en cette matière aux mêmes conclusions :

« ...... C'est une intéresssante question que de décider , écrit M. Ancelot, si la pénétration de plus en plus conquérante de la science physique et chimique , dans les mystères de la nature , aura pour effet d'attiédir ou de raviver l'enthousiasme devant ses spectacles et ses secrets. Les deux thèses pourraient être soutenues sans beaucoup d'efforts. — D'une part, on admire moins quand on sait ou croit savoir : le *nil mirari* est le fait des sociétés vieillies; l'ignorance est facile à l'enchantement. L'analyse met trop souvent son faux honneur à s'en défendre... — D'autre part , il semble que nos chétives conquêtes sur le domaine de l'infini qui nous enveloppe, laisseront toujours assez de mystères inspirateurs autour de nous, et que, même, elles agrandiront sans cesse à nos regards le théâtre sans bornes où se joue la puissance divine (*ludit in orbe terrarum*). » Nous souscrivons pleinement à cette seconde vue qui nous paraît la plus juste. »
(V. *Mém. de l'Acad. de Clermont-Ferrand* , pour 1867 , p. 438.)

(GG) L'Académie a confié à un de ses membres, à M. Delavigne , qui a bien voulu accepter cette mission , le soin d'apprécier les mérites de M. Caze et de payer, au nom de la Compagnie, un juste tribut à la mémoire de notre regretté confrère.

Toulouse, Impr. Douladoure; Rouget frères et Delahaut, successeurs, rue Saint-Rome, 3v.